中国传媒大学出版社

赖小妹 / 著

每天10分钟，美味早餐上桌

MEITIAN 10 FENZHONG,
MEIWEI ZAOCAN
SHANGZHUO

图书在版编目（CIP）数据

每天10分钟，美味早餐上桌 / 糖小饼著. —北京：
中国妇女出版社，2015.1

ISBN 978 - 7 - 5127 - 0966 - 9

Ⅰ.①每… Ⅱ.①糖… Ⅲ.①食谱 Ⅳ.
①TS972.12

中国版本图书馆CIP数据核字（2014）第267100号

每天10分钟，美味早餐上桌

作　　者：糖小饼　著
责任编辑：魏　可
责任印制：王卫东
出版发行：中国妇女出版社
地　　址：北京东城区史家胡同甲24号　　　邮政编码：100010
电　　话：（010）65133160（发行部）　　　65133161（邮购）
网　　址：www.womenbooks.com.cn
经　　销：各地新华书店
印　　刷：北京楠萍印刷有限公司
开　　本：170×240　1/16
印　　张：11
字　　数：172千字
版　　次：2015年1月第1版
印　　次：2015年1月第1次
书　　号：ISBN 978 - 7 - 5127 - 0966 - 9
定　　价：35.00元

前　言

早餐很重要这事儿，大家都知道。不吃早餐会降低学习、工作的效率。长此以往的话，由于胃酸及胃内消化酶、胆汁以及低密度脂蛋白的聚积，还会导致胃溃疡、胆结石、心血管等疾病。

尽管我们都知道不吃早餐的坏处，但还是常常因为忙，因为赶时间，因为觉得麻烦而耽误了早餐。身为学生党，这一点我深有体会，不如说我自己就是个很典型的反面教材。我长久以来都不吃早餐，以至于后来甚至觉得早上没胃口，吃不下，便也就心安理得地恶性循环下去。但毕竟还是知道这样不好，身体吧，等到真的看出不好来的时候就已经遭受不少的危害了。每天花一点时间准备一份早餐，不用早起，不是很累，可以做的东西也有很多。

这里我列出来的简单食谱，大多数的制作时间非常短，而那些时间比较长的也可以控制在15分钟左右完成。制作过程都是熟能生巧的事情，熟练了以后速度还可以进一步加快。还有很多品种需要动手操作的时间虽短，但是需要等待的时间较长，所以这里没有写出来。

快手速成的早餐种类较少，但是每个品种都可以有很多种变化。例如面糊类的摊饼，就可以做成数不清的口味。考虑到一本书的内容要有多样性，每个种类的东西我就只是列举一两样。关于面糊类的摊饼这里就只写葱香、泡菜这样的常见味道。除了快手速成型的早餐，我们还可以利用电器的预约功能，也可以购买半成品材料来加工，各种方法结合起来做出方便、快捷的美味。

此外，有些事情是可以提前一晚准备的，为第二天的制作节约不少时间。这里我写的都是提前做的准备所需时间也很少的东西，并不是指前一晚要忙忙叨叨地几乎把第二天的早餐做好的意思。当然提前做准备也需要考虑一些细节的问题，例如，提前一晚制作的面团不推荐加蛋（或者需要的话请少加），否则相对容易变质。

还有时间的掌控，我这里简单提出例如在准备食材的时候就预热烤箱或者提前烧水的安排。主旨就只有一点，见缝插针地把时间利用起来。根据每个人的实际情况，很多事情只要经过合理安排都可以更紧凑而高效地完成。

最后是国际惯例，非常感谢我的父母陈瑾和杨洁一直以来的支持。我喜欢做的事情，他们从不阻拦，而是让我放手去做，并且相信我能够合理分配好学习以及兴趣爱好的时间。

我相信吃货是容易幸福的一群人，因为很简单就可以得到满足。希望大家都有好胃口！

目录
CONTENTS

C 01

 快手速成篇

半成品材料加工篇

 # 提前预约、准备篇

快手速成篇

欧姆蛋

　　欧姆蛋是 omelette 的音译，是一种有夹馅的煎蛋。可以用黄油或者植物油煎。配料常用火腿、培根这些。芝士最常见的是车达奶酪，但是如果能够接受蓝纹奶酪的话可以搭配一点，很提味。

材料

鸡蛋2个，盐1/4茶匙，车达奶酪5克，培根20克，现磨粗粒黑胡椒适量

🥄 步骤

1. 培根切成细丁，放入平底锅中煸炒至出油后盛出备用。

2. 炒培根的时候将车达奶酪切碎备用。

3. 平底锅放油烧热，鸡蛋加盐打散后倒入锅中。

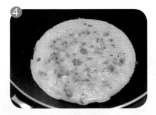

4. 蛋液未凝结前撒上培根碎和奶酪碎，磨碎一些黑胡椒在表面。

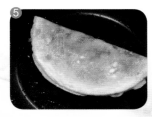

5. 对折起来煎至熟透即可。

烘番薯

营养美味的主食，相对于长时间的烘烤而言实在是简单到极致。红薯、紫薯等都适用。

材料

红薯2个

 TIPS

　　第一步的清洗一是为了干净，二是为了滋润表皮。因为在微波炉加热的过程中会损失一些水分，让表皮湿润一下就不会觉得太干。

🥄 步骤

1.红薯洗净，放在碗中。

2.微波炉高火加热5分钟后取出翻面，再高火加热5分钟即可。

烤薯条

先用微波炉烤熟，再用烤箱把表面烤干，这样做出来的烤薯条外干内软。虽然没有炸出来的酥脆，但是早餐吃不会觉得油腻。

材料

主料：土豆1个，植物油2茶匙，细盐1茶匙

辅料：孜然粉、辣椒面各适量

 步骤

1. 烤箱预热250℃，土豆洗净、去皮（去皮后重约200克）。
2. 切成一指粗的条状。
3. 加植物油和细盐拌匀，放入微波炉加热6分钟。
4. 取出土豆条铺在锡纸上，表面撒孜然粉和辣椒面调味，放入预热好的烤箱中上层烤5分钟（如果烤箱有循环热风功能的话就开起来）。

TIPS

　　想更脆一点就多放点油，调温到200℃并且延长烘烤时间，那样表面会更干爽。如果喜欢更脆的口感又不介意油炸的话，直接切条以后炸熟是最方便的了。

土豆泥

TIPS

　　这是一款中式咸香微辣口味的土豆泥，也可以加沙拉酱做成土豆泥沙拉，或者淋上鸡汁一类的浓汤做成浇汁土豆泥。

　　虽然有专门压土豆泥的工具，但实际上并没有什么必要购买。我用的是一个很结实的漏网，也可以用漏勺来操作，只要能够使上力就行。

 材料

土豆400克，盐3克，油泼辣子3/4汤匙，香油1汤匙

步骤

1.烧一锅热水。土豆去皮后切块。

2.水开后放入土豆块，煮8~10分钟至筷子能穿透。

3.将水倒干净，土豆碾压成泥，碾压只需几十秒，很快就完成了。

4.加入盐、油泼辣子和香油调味，拌匀即可。

无油烟微波煎蛋

很喜欢吃煎蛋，但是有时候一大早起来又很讨厌油烟味，就用微波炉来做。虽然卖相比较一般，但是胜在做起来十分方便、快捷。

材料（1个）

鸡蛋1个，植物油几滴

 步骤

1. 深盘里滴几滴植物油，用刷子抹开。盘子刷油是为了防粘，方便之后将蛋取出来。

2. 在盘子里打1个鸡蛋。

3. 在鸡蛋黄表面戳一些小孔，防止它在微波的过程中爆开。

4. 放入微波炉中，用60%火力加热2分钟，蛋黄正好完全熟透并且不干噎。

虾仁煎蛋卷

TIPS

虾仁我习惯根据平时的用量分装好放在保鲜袋里冷冻，每次取一小包解冻就行了。

 材料（7块）

河虾仁2汤匙（熟），鸡蛋2个，细盐1/2茶匙

步骤

1.如果买的河虾仁是生的，要提前焯水。

2.鸡蛋加细盐打散成蛋液。

3.平底锅加一点底油，烧热后倒入1/2的蛋液。

4.均匀铺上一层虾仁。

5.再倒入剩余蛋液。

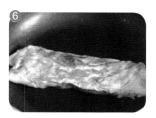

6.蛋液还未完全凝结前用锅铲辅助将蛋饼卷起，中火烙至两面金黄。

7.取出切块即成。

芦笋水波蛋

TIPS

　　蛋黄是溏心的，吃的时候可以戳破蛋黄，然后跟盘底的配菜拌着一起吃。如果喜欢调味重一点，也可以加自己喜欢的酱汁。

材料（1~2人份）

芦笋尖8根，鸡蛋2个，盐1茶匙，白醋1茶匙

步骤

1.芦笋尖洗净，择去侧边口感有点老的大叶子。

2.焯水至有些软以后捞出，摆在盘底（这一步可以跟之后煮蛋的步骤同时进行，只要有2个锅子就可以了）。

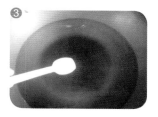

3.煮一锅热水，水里放1茶匙盐和1茶匙白醋（这是为了让鸡蛋凝固得更好看）。

4.水开后转中火保持微沸，打2个鸡蛋进去，焖至蛋白熟透。

5.捞出摆在芦笋上，表面再撒一点点盐调味（分量外）。

水蒸蛋

材料（2小盅）

主料：鸡蛋1个，清水适量（用量为所用鸡蛋体积的1.5倍）
浇汁（每盅）：1/2汤匙生抽，1/2汤匙香油，葱花

🥄 步骤

1. 鸡蛋打散成蛋液。

2. 加入相当于鸡蛋体积1.5倍的清水（用半个蛋壳来舀水，正好3次）。

3. 搅拌均匀后过滤一次，滤去气泡。

4. 分装入2个小盅里面，表面包一层保鲜膜。

5. 冷水上锅，水开后转中火8分钟。取出后每盅上面浇上1/2汤匙生抽和1/2汤匙香油，撒一把葱花即可。

西式扒蛋

西式扒蛋的做法其实跟中式炒蛋挺像的，这里介绍的是一种最常见、最基础的做法，在此基础上可以根据喜好再另外添加火腿片、芝士、奶油以及香草等配料。

材料

鸡蛋2个，牛奶180毫升，含盐黄油20克，细盐1/4茶匙

步骤

1. 鸡蛋加细盐打散。

2. 加入牛奶搅拌均匀。

3. 平底锅大火烧热，加入黄油融化。

4. 黄油融化后倒入第二步的牛奶蛋液，待底部有些凝结后用锅铲轻推。等蛋液中的水分几乎蒸发完以后即可盛出（如果要加配料的话也是在水分快蒸发掉的时候加，其他操作过程都不变）。

酸奶鲜果吐司盅

🥛 材料（2盅）

新鲜蓝莓6颗，甜瓜1/6个，樱桃2颗，酸奶4汤匙，白吐司2片
装饰：薄荷叶

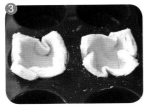

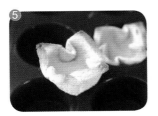

🥄 步骤

1. 烤箱预热200℃，白吐司切去四边。

2. 用手把吐司片压瓷实。

3. 如图示压入麦芬模中，呈花形，送入烤箱上层烤5分钟。

4. 烤吐司的过程中准备水果，我用了蓝莓、甜瓜和樱桃。可以根据自己的喜好选择当季的时令水果，把它们切成小块。

5. 吐司盅烤好以后就定型了，表面微黄。

6. 底部铺一层水果后浇上酸奶，每个里面大约可以加2汤匙。

7. 表面再铺一层水果，点缀上薄荷叶即可。

意式奶酪沙拉

沙拉的调味有好几种类型，常见的沙拉酱、千岛酱都属于酱汁，而这款意式奶酪沙拉（Caprese salad）用到的是油醋汁，相对而言要清爽一些。

材料（1碗）

新鲜水牛奶马苏里拉芝士120克，番茄1个，罗勒叶4~6片
调味：橄榄油2汤匙，白葡萄酒醋1.5茶匙，盐、黑胡椒各1小撮

步骤

1. 新鲜水牛奶马苏里拉芝士切成厚片。

2. 番茄洗净、去蒂，切成厚片。

3. 新鲜罗勒洗净，摘取大片的叶子4~6片。

4. 将芝士、番茄和罗勒交错相叠。

5. 橄榄油2汤匙，白葡萄酒醋1.5茶匙，盐、黑胡椒各1小撮放在1个碗里调匀，淋到第4步摆好的芝士上即可。

菠菜烙

 材料（6块）

鸡蛋2个，菠菜50克，细盐2克，淀粉1/2茶匙

步骤

1. 菠菜叶子洗净，切成条状备用。

2. 鸡蛋2个加细盐打散。

3. 加入菠菜叶子和淀粉拌匀。

4. 平底锅内加一点底油烧热后，倒入第3步的菠菜蛋糊，中大火烙至底面凝结后翻面。

5. 烙至两面微黄后取出，切块即可。

可丽饼

　　可丽饼是 Crêpe 的音译，也叫法式薄饼。饼体的基础材料是鸡蛋、牛奶和面粉。做成甜的或者咸的都可以。能搭配的材料很多，如各种水果、芝士、酱料等。简单的直接浇糖浆，复杂一点的抹上酱以后铺上各种果料，还可以打些鲜奶油。

材料（8~10张直径约24厘米的薄饼）

饼体：鸡蛋1个（55克），面粉60克，牛奶170毫升，白砂糖10克，盐1小撮
配料：榛子巧克力酱1.5汤匙，新鲜草莓3颗

步骤

1. 饼体材料混合，搅拌均匀以后过筛一次让面糊更细腻。

2. 平底锅烧热，用刷子刷一层薄薄的黄油。

3. 倒入面糊后迅速铺开，速度尽量要快，否则很快就凝结了。

4. 煎十几秒就起泡了，边缘微微与锅面分离时翻面，再煎十几秒就可以起锅。

5. 抹上榛子巧克力酱。

6. 草莓洗净后对切成两半，摆在面饼的一角（占1/4的位置）。然后将面饼折叠起来即可。

奶油松饼

奶油松饼的英文名 Pancake 的表面意思看来就是 pan+cake，是平底锅小蛋糕。它的口感也是松软的，可搭配鲜奶油、果酱、蜂蜜等。我配方子的时候加的糖量本身比较足，直接吃就够甜了，所以我只搭配了淡口的鲜奶油，好看，也多一点奶香。

材料（12个）

面糊：鸡蛋1个，高脂奶油55克，全脂牛奶30毫升，自发粉45克，白砂糖20克
配料：淡奶油、蓝莓、草莓各适量

步骤

1. 鸡蛋加白砂糖打散后，加高脂奶油和牛奶搅匀，再加入自发粉搅匀成面糊备用。

2. 平底不粘锅不放油烧热，直接将面糊倒入锅中。

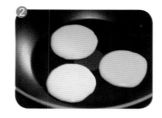

3. 中火煎2分钟，至表面起泡，一锅可以煎3~4个。

4. 翻面再煎1分30秒即可起锅。

章鱼小丸子

材料

面糊：自发粉100克，鸡蛋1个，生抽5克，冷水200毫升
馅料：包心菜、洋葱、小八爪鱼各适量
酱料：市售照烧汁、沙拉酱各适量
表面：紫菜碎、木鱼花各适量

 步骤

1. 八爪鱼提前一夜清理干净后焯水，切丁备用。
2. 包心菜和洋葱切丁备用。
3. 可以自制简易版照烧汁：酱油和蜂蜜1:1混合，烧开之后加入淀粉水勾芡。加味啉和木鱼精调味即可。
4. 自发粉、鸡蛋、生抽和冷水调成面糊备用。
5. 预热丸子锅。锅内刷一点点底油。倒入面糊（把面糊倒入1个大量杯，做起来速度非常快）。
6. 撒上包菜、洋葱丁和章鱼粒。
7. 用竹签把丸子转90°，然后再加一点点面糊。
8. 加了面糊之后继续把丸子转90°，这样丸子形就出来了。
9. 取出丸子，表面淋照烧汁、撒木鱼花。
10. 挤沙拉酱、撒紫菜碎即可。

TIPS

如果没有丸子锅的话，可以直接摊成一个饼，味道不变。

葱香全麦饼

材料（2张直径约24厘米的饼）

鸡蛋1个，清水65毫升，全麦面粉45克，细盐1.5克，葱1根

步骤

1. 鸡蛋打散。我使用了1个量杯当容器，全程都在这个容器里搅拌，拌好面糊以后直接倒进锅里，很方便，烙饼的时候不需要一勺勺地舀面糊。

2. 打散的蛋液加清水搅拌均匀。

3. 倒入全麦面粉拌匀。

4. 葱用剪刀剪成葱花，加到面糊中，再加细盐一起搅匀。让面糊静置一会儿口感会更好，如果赶时间的话可以直接烙饼。

5. 平底锅加1茶匙左右的植物油，烧热后倒入一半面糊摊开，烙至两面金黄即可盛出。

 TIPS

摊饼是很容易熟的，每面烙1分钟左右一般就够了。我用的平底锅直径24厘米，如果锅的大小不一样的话请调整一下每次倒面糊的量，这个试一次就能掌握了。

泡菜饼

材料（24厘米较厚的饼2张）

韩式辣酱2茶匙，普通面粉70克，清水60毫升，鸡蛋1个，白砂糖1/3茶匙，韩式泡菜（固体70克+汤汁10克）

🥢 步骤

1.取一个比较大的量杯，这样调好面糊以后可以直接往锅里倒面糊，就不需要用汤勺一点点舀了，非常方便。鸡蛋打散后加清水搅匀。

2.加入韩式辣酱和白砂糖，搅匀后倒入普通面粉拌匀。

3.韩式泡菜改刀成条状，将切好的泡菜和泡菜汁拌入第2步的面糊中。

4.平底锅烧热，刷一层底油，倒入拌好的面糊。

5.底面凝结之后翻面，中大火烙至两面上色。

6.可以直接吃，也可以改刀成各种形状，装盘即可。

煎饼果子

材料（2个）

面糊：绿豆粉15克，面粉30克，清水90毫升
配菜：鸡蛋2个，油条1根，葱花（1根葱），榨菜、白芝麻各适量
调味：甜面酱1/2汤匙，油泼辣子1茶匙

步骤

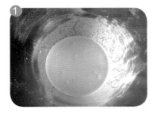

1. 绿豆粉和面粉混合，加清水搅匀成面糊备用。

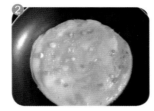

2. 平底锅刷一层底油烧热，倒入一半面糊摊平。在表面打1个鸡蛋，用锅铲戳破蛋黄后摊开，撒上葱花和白芝麻。

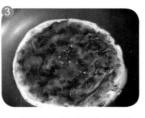

3. 翻面，用锅铲压平。表面刷上甜面酱和油泼辣子。

4. 撒上榨菜碎，摆上半根油条。

5. 折叠起来即可。

土豆丝饼

 材料（8个）

土豆1个（200克），蒜2瓣，葱1根，盐3克，普通面粉50克，水60毫升

🥄 步骤

1. 土豆1个洗净、去皮，去皮后重约200克。

2. 切片，然后用手将土豆片排开。

3. 再切丝，切好的土豆丝放在碗中，加盐抓匀（土豆丝可以不用切得很细，尤其是不熟练或者赶时间的话）。

4. 蒜切丝，葱切成葱花（同样，如果赶时间的话切条、切片都行）。

5. 土豆丝腌出的水不用倒掉，加葱、蒜、面粉和水拌匀。

6. 锅内倒少许底油烧热，加土豆丝糊，中火烙制。

7. 底面定型后翻面，用锅铲轻压让两面平整。

8. 烙至两面金黄即可出锅。

花生豆渣饼

经常打豆浆的人都会纠结豆渣怎么处理，豆渣的营养是很丰富的，丢了实在可惜。其实豆渣可以做成很多东西，包括中式的馒头、面饼以及西式的蛋糕、面包、饼干。这里介绍一种同样适合15分钟早餐的豆渣饼做法，不需要发面，口感很有弹性。

材料（4个）

花生豆渣215克，细盐1.2克，高粉65克

步骤

1. 打花生豆浆的时候滤出的豆渣215克（豆浆做法参见：花生豆浆）。

2. 豆渣加细盐和高粉揉成团。

3. 平底锅内刷一层底油烧热，将第2步的面团分成4份，搓成球后压成饼，排入平底锅内。

4. 中大火正反各煎4~5分钟即可。

玉米面贴饼

 材料（6个）

玉米面90克，黄豆面10克，清水120毫升

 步骤

1. 玉米面、黄豆面和清水混合搅匀。
2. 用手抓起一团面捏紧（不需要具体称量，每次量差不多就行，做起来很快。我最终正好捏了6个）。
3. 拍扁成面饼状。
4. 将锅提前烧热，然后将做好的面饼贴在锅边（锅要热才贴得紧，否则容易滑落）。锅内可以提前加好水或者汤底，这里我稍作改动的原因是，如果先在锅内加好水会产生蒸汽，如果第一次操作不小心不熟练的话可能会烫手。
5. 在锅内加开水（我这里加的是清水，也可以煮一些别的汤，那就是一举两得了），大火煮开后加盖焖10分钟。
6. 开盖以后用锅铲将锅边的贴饼铲下来即可。

 TIPS

　　我的锅子偏浅，选择深一点的锅子便于同时炖汤。推荐选择比较宽，边缘的斜面相对比较平坦一点的锅子，贴起来更容易些。

黑芝麻发糕

材料

熟黑芝麻粉2汤匙，白砂糖1汤匙，自发粉110克，水100毫升

步骤

1. 在容器底部和侧面抹一层黄油或者猪油防粘。
2. 将所有材料搅拌均匀。
3. 倒入容器中铺平，冷水上锅，水开后蒸10分钟。
4. 直接倒扣出来，切片即可。

越南春卷

材料（8个）

材料：胡萝卜1/2根，黄瓜1/3根，生菜叶2片，新鲜薄荷叶8片，冷冻熟虾仁16只，越南米皮8张

调味：甜辣酱、青柠汁（柠檬酱）各适量

步骤

1.胡萝卜去皮，切成条状，黄瓜切成条状，生菜叶洗净，撕成小片，新鲜薄荷叶洗净备用。

2.冷冻熟虾仁用温开水浸泡解冻（如果买的虾仁是生的，就用水焯熟，也很快的）。

3.越南米皮用凉水浸泡一下，十几秒就够了，不是太软就可以拿来用，案板稍稍用水濡湿一点儿比较不粘。

4.泡过的米皮中间铺上生菜叶、黄瓜条和胡萝卜条。

5.摆上2只虾仁和1片薄荷叶。

6.像春卷一样包起来即可。吃的时候蘸甜辣酱和青柠汁（或者柠檬酱）配食。

餐蛋面

　　餐蛋面是港式茶餐厅比较常见的一款主食。公仔面（即方便面），多使用出前一丁这个牌子，午餐肉一般是用梅林午餐肉。方便面本身其实没有那么的不健康，但是它自带的酱包含有比较多的添加剂，所以如果自己放调味料的话，跟大多数的油炸食品一样，不要吃太多是没什么问题的。

材料

午餐肉2片~3片，方便面1包，鸡蛋1个，高汤1碗

步骤

1. 午餐肉切片。

2. 鸡蛋煎至全熟或者半熟都行，根据个人喜好调整。

3. 平底锅加一点点底油烧热，放入切成片的午餐肉，煎至两面微微上色。

4. 烧一锅水，水里加一点点盐，水开后放入方便面饼煮2~3分钟后捞出，过一遍凉开水。

5. 煮好的面捞入碗中，加高汤至几乎没过所有面条。高汤我用的是清炖的排骨汤，其他也行，可以提前一晚准备好。如果没有的话可以用半包方便面的调味包加清水代替。

6. 铺上煎好的午餐肉片和煎蛋即可。搭配一些蔬菜可以使营养更为全面。

葱油拌面

材料（2碗）

主料：挂面180克（干）
葱油：葱四五根，植物油4汤匙
调味：生抽2.5汤匙，素蚝油2汤匙，老抽2茶匙，白砂糖2.5茶匙，葱油4汤匙
装饰：炒熟的白芝麻1茶匙

步骤

1. 炉上先烧一锅煮面用的水，水里放少许盐。葱洗净切成段（我用的葱直径约6毫米~8毫米，如果用很细的那种可以多放些）。

2. 锅内放4汤匙植物油，加入葱段后开中火。

3. 熬至葱段微枯，不要太焦。

4. 生抽、素蚝油、老抽、白砂糖和熬好的葱油4汤匙调匀（视个人喜好可以加入熬油时用的葱段）。

5. 挂面放入沸水中，煮熟后捞出沥水。

6. 放入调好的料汁中拌匀即可，表面可以撒一些白芝麻做装饰，也提香。

牛奶燕麦糊

材料（1碗）

即食燕麦片半杯，牛奶1杯

步骤

1.即食燕麦片倒入微波炉可用的容器中。

2.加入牛奶搅拌均匀。一般比例是燕麦片：牛奶=1:2，这种做出来是比较稠的糊状，如果喜欢喝比较稀一点的，可以增加牛奶的用量。

3.放入微波炉中加热2分钟，取出搅拌均匀即可。

胡辣汤

这里的辣是指胡椒的辣，所以刺激性是不大的。

材料

火腿15克，榨菜25克，干香菇2朵，干木耳2朵，北豆腐30克，鸡蛋1个
调味：盐1.5茶匙，香醋2汤匙，白胡椒粉1茶匙，香油1汤匙

步骤

1. 香菇和木耳提前一夜泡发备用，香菇水留用。

2. 火腿、榨菜、香菇、木耳切丝或者切条，豆腐切丁备用。

3. 起油锅，放入火腿丝和榨菜丝煸炒一下以后再放入香菇和木耳翻炒。

4. 倒入泡香菇用的水，如果水量不够的话，再倒入清水至没过所有材料，盖上锅盖，大火将水煮开。

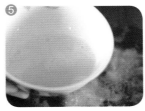

5. 等水开的时候将鸡蛋打散，水开后倒入水中煮成蛋花，关火。

6. 加盐、香醋、白胡椒粉和香油调味。

红糖醪糟炖蛋

女孩子们在生理期服用这道甜汤有调理作用。

材料

红糖1汤匙，醪糟2汤匙（固体1汤匙+液体1汤匙），清水400毫升，鸡蛋1个

步骤

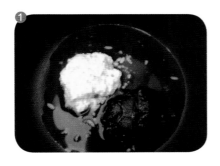

1.红糖、醪糟加清水搅匀。

2.大火煮至沸腾后打入一个鸡蛋。

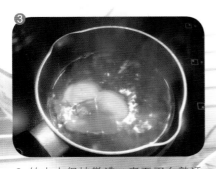

3.转中火保持微沸，煮至蛋白熟透即可。

玉米浓汤

材料

冷冻玉米粒105克，牛奶120毫升，烹调奶油50克

步骤

1.玉米粒不需要解冻，加牛奶煮沸
2~3分钟。

2.加奶油搅匀后放入搅拌机中打碎。

3.过滤即可。玉米和牛奶都有甜味，
不加调味料是微甜的。

原味奶茶

自己做的奶茶用料实在、味道纯，没有工夫慢慢熬煮时，做一份简易微波炉版的也不失为一个好方法。

 材料（1杯）

全脂牛奶1杯，伯爵茶包1个

步骤

1. 准备伯爵茶包，用红茶、绿茶、乌龙茶也是可以的，我比较喜欢伯爵茶的香味。

2. 倒牛奶至稍稍没过茶包（相对而言我喜欢牛奶煮之前的味道，这一步是用少量牛奶加热来激发出茶包的香味，如果你喜欢喝煮牛奶的话这一步可以直接用一整杯牛奶来做）。

3. 送入微波炉加热1分钟（如果你用的牛奶比较多的话可以延长时间，但最多2分半钟也足够了）。

4. 倒入剩余牛奶，搅匀即可，有茶香也有奶香，如果想要更浓郁一点的可以加炼乳调味。

热巧克力

 材料（1杯）

全脂牛奶250毫升，65%黑巧克力60克

步骤

1. 牛奶倒进可以放入微波炉加热的
容器中，用微波炉加热1分钟。

2. 巧克力用刀切碎。

3. 将巧克力碎放入加热好的牛奶
中，利用牛奶的温度融化，搅拌
均匀即可。

草莓奶昔

一般来说煮蛋奶糊放凉需要很长时间的等待，但是如果提前把材料冷藏或冷冻处理一下就能起到快速降温的效果，超快速版奶昔也是可以做到的。

![measuring cup icon] 材料（2杯）

冰全脂牛奶200毫升，冷冻草莓140克，冰淡奶油100克，白砂糖30克，鸡蛋1个

![whisk icon] 步骤

1.鸡蛋打散，加入冰的全脂牛奶100毫升搅拌均匀。

2.搅拌好的蛋奶糊用中大火加热，边加热边不停地擦着锅底搅拌，直到蛋奶糊变得黏稠（如图可以黏勺背），一般来说加热到这个状态的时候已经消毒了，如果实在不放心的话可以加热至微沸几秒，但是非常容易因此煮成蛋花汤。

3.向煮好的蛋奶糊中加入剩余的冰牛奶搅拌均匀，这一步能让蛋奶糊迅速降温。

4.冷冻草莓放入搅拌机中（如果没有冷冻草莓的话可以提前一夜准备，新鲜草莓去蒂，洗净沥水之后冷冻即可）。

5.冷冻草莓和第3步的蛋奶糊一起用搅拌机搅打。

6.打好的草莓蛋奶糊很黏稠，并且已经是冰的了。

7.冰淡奶油加白砂糖打至刚刚出现清晰的不会消失的纹路即可，打太久就硬了。

8.打发的淡奶油和草莓蛋奶糊混合即成。

果仁麦片牛奶

材料（1杯）

全麦脆谷片1.5汤匙，即食燕麦片1.5汤匙，熟杏仁5颗，熟榛子10颗，糖粉1/2汤匙，低脂牛奶240毫升

步骤

1. 全麦脆谷片、即食燕麦片和糖粉混合。
2. 将烤熟的杏仁和榛子用刀随意地切碎。

3. 将果仁碎和麦片拌匀。
4. 倒入牛奶搅拌均匀即可。

莓果杂粮酸奶

 材料（1杯）

材料：全麦脆谷片1汤匙，玉米脆谷片1汤匙，糖粉1/2汤匙，葡萄干1/2汤匙，蔓越莓干1/2汤匙，无糖天然希腊酸奶200毫升
装饰：新鲜蓝莓5颗，薄荷叶1片，玉米脆谷片七八片

步骤

1.全麦脆谷片、玉米脆谷片和糖粉混合。

2.如果买到的是那种比较大片的，可以用手先捏碎。

3.加入葡萄干和蔓越莓干混合，果干和杂粮脆谷片的选择可以根据个人喜好来。

4.把混合好的果干和脆谷片铺在杯子底层。

5.上面倒上无糖天然酸奶，我选用的是无糖天然希腊酸奶，是比较黏稠的。如果喜欢吃更甜一点的，可以用含糖的酸奶。

6.表面装饰上新鲜蓝莓、玉米脆谷片和薄荷叶。可以直接挖着吃，也可以拌匀后食用。

豆沙圆子

材料

面坯：糯米粉20克，番薯粉5克，温水20毫升，植物油2.5克
配料：水1.5杯，市售红豆沙40克

步骤

1. 糯米粉和番薯粉加温水混合后，加植物油搅拌均匀。

2. 随手揪下一小团面搓成小圆球，这个量不多，很快就搓完了。搓小圆子的同时将清水1.5杯煮开。

3. 将小圆子放入煮开的水中，浮起后煮3分钟，加入红豆沙搅匀即可离火。

 TIPS

可以用红豆汤或者酒酿桂花等代替豆沙来调味。

黑芝麻糊

自制黑芝麻糊可以根据个人喜好搭配杏仁粉、花生粉、榛子粉、核桃粉等坚果类食材，更加香浓。

材料（1碗）

主料：熟黑芝麻粉60克，熟黄豆粉2汤匙，白砂糖1/2汤匙，熟糯米粉10克，面粉10克，清水1.5杯

辅料：榛子、杏仁各适量

步骤

1.所有粉类混合，如果买的不是熟粉的话最好提前炒熟（炒的时候不用放油）。

2.加入清水和白砂糖搅拌均匀。

3.大火熬煮，边煮边不停搅拌，煮至黏稠即可离火。我撒了一些榛果和杏仁拌食。

果蔬汁

TIPS

果蔬汁滤出的果渣可以做烘焙，烙饼什么的也都很不错。

 材料（1杯）

胡萝卜苹果鲜橙汁：胡萝卜1根（小），苹果2个（小），橙子2个
胡萝卜苹果汁：胡萝卜1根（大），苹果2个（小），凉开水100毫升
清新薄荷黄瓜汁：新鲜薄荷叶4片~5片，黄瓜1根

步骤（以胡萝卜苹果鲜橙汁为例）

1.胡萝卜去皮、切块，苹果去核、切块，橙子去皮、切块。
2.放入搅拌机中打碎，如果有榨汁机的话就能直接得到成品了。
3.如果没有榨汁机，可以用搅拌机先打碎。
4.用筛网过滤掉菜渣。

半成品材料加工篇

春卷

 材料（6个）

市售春卷皮6张，香菇4朵，西芹4根，盐1茶匙，糖1/2茶匙，香油2茶匙

🥄 步骤

1. 准备市售春卷皮，这款是方形的，如果是买到圆形的话也是一样包。

2. 香菇提前用清水浸泡一夜至涨发，西芹洗净，切成段（西芹4根是指1棵上面掰4条下来，不要误用成4棵了。这里用的是比较粗的西芹，用水芹需要加量）。

3. 香菇和西芹放入搅拌机中打碎后，挤掉一部分水分，不用挤得太干。

4. 加入盐、糖和香油拌匀，立即包的话不会严重出水。

5. 取一张春卷皮，如图示将馅料铺在一角。

6. 将那一角卷起。

7. 把左右两边的春卷皮向中间折叠。

8. 再继续卷起来，最后收尾处抹一点点清水帮助黏合。

9. 卷起即完成一个生坯。尾端抹过清水的春卷皮贴得很紧，不用担心收口散开。

10. 平底锅多放一点油烧热，排入生坯。

11. 大火煎至两面金黄即可。如果用油炸的话会更方便快捷，但是成品比较油腻。

鲜虾大馄饨

利用市售的半成品面皮能大大节约制作的时间。当然在时间比较宽裕的情况下也可以自己擀制面皮，以下的补充过程给出了自制面皮的一些参考。

 材料（30个）

面皮：面粉175克，清水80毫升~85毫升（面皮36张，余75克边角料）
馅料：海虾仁175克，肥瘦1:1的猪肉糜50克，胡萝卜半根，盐1茶匙，糖1茶匙，白胡椒粉1/3茶匙，蛋清1个
调味：葱花、虾皮、熟芝麻、香油各适量

 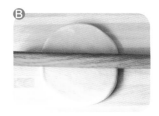

🥄 步骤

[制作面皮]

A. 面粉和清水混合，面团是比较硬的，如果直接揉至光滑会很费力，所以提前一晚制作，只需混合至没有干粉即可，包上保鲜袋放入冰箱中。第二天起床面团就自动出筋了，再用手揉匀即可。

B. 将面团擀开，表面抹少许干粉防黏。

C. 擀开的面片卷在擀面杖上再擀，这样能很快地擀出薄面片。

D. 擀好的面片对半切一刀，叠起来。再对半切再叠。重复操作至合适的宽度，修整去边角。

E. 再改刀成方形面皮即可。

[制作馅料]

1. 海虾仁切细丁，不用剁成泥，口感会比较好。加入猪肉糜、蛋清、盐、糖、白胡椒粉，向同一个方向搅打至黏稠，有胶质感。最后加入用搅拌机打碎了的胡萝卜拌匀即成馅料。

2. 取一张馄饨皮，中间放上8克~10克虾肉馅（包馄饨的时候就可以先烧水，水里稍稍加一点盐）。

3. 馄饨皮周围一圈抹少许清水（辅助黏合），对折起来，捏紧。

4. 如图示将两个角向中间折。

5. 捏合起来，捏合处也抹一点点清水辅助黏合。

6. 依次做好12个（差不多1碗，具体分量根据食量来），放入沸水锅中煮3~5分钟即可捞出。

7. 如果有高汤就用高汤，如果没有的话直接把煮馄饨的面汤倒入碗中，加盐调味。一把葱花、虾皮和熟芝麻，淋几滴香油即可。

小馄饨

材料（约25个）

面皮：市售馄饨皮25张（如需自制的话方法参考海鲜大馄饨的补充过程）
馅料：肥瘦3:7的猪肉糜50克，盐1/2茶匙，料酒1茶匙，清水1汤匙，五香粉1小撮，糖1小撮
料碗：酱油1汤匙，猪油半汤匙，鲍鱼边1小把，大葱丝适量

步骤

1.烧一锅热水，烧水的时候做馄饨。馅料材料混合后向一个方向搅打上劲。取一张馄饨皮，中间包入一个指甲盖大小的肉馅。

2.在手心里一捏，把面皮和面皮直接捏紧生坯就完成了。生坯完成后放入沸水中煮，煮馄饨的过程中准备料碗。

3.酱油和猪油放在1个碗里（另外也可以加些醋和辣椒油）。

4.加入提前泡发焯熟的鲍鱼边，撒1把大葱丝。（也可以加虾皮、开洋。另外还有蛋皮和紫菜也是常用的）。

5.小馄饨熟得很快，沸水下锅，再次开锅后2~3分钟就可以捞出沥水。

6.煮好的小馄饨放入料碗中拌匀，再添1勺煮馄饨的汤即可。

香菇肉饺

 材料（20个）

面皮：市售饺子皮（也可用150克面粉加75克水自制，做法参见补充过程）

馅料：肥瘦2:8的猪肉糜235克，香菇8朵（大），盐3克，白砂糖1/3茶匙，蒜粉1/2茶匙，葱粉1小撮，泡香菇的水30毫升，料酒1汤匙

调味（8~10个量）：生抽1汤匙，香醋1汤匙，油泼辣子2茶匙，葱花、白芝麻各适量

步骤

[制作面皮]

A. 提前一夜将面粉和水混合，不需要花很多时间揉光滑，加保鲜袋包好放入冰箱冷藏一夜，第二天再取出揉几下就光滑了。

B. 面团搓成长条，切成重8克~10克的面剂子，撒一些干粉防黏。

C. 把面剂子按扁，用擀面杖擀成中间稍厚边缘稍薄的面皮即可。

[制作馅料]

1. 干香菇清洗掉表面的浮尘，提前一夜泡发后用搅拌机打碎，泡香菇的水留用。

2. 肥瘦2:8的猪肉糜加盐、白砂糖、蒜粉、葱粉、泡香菇的水和料酒，向同一个方向（比如顺时针）搅打至颜色发白、阻力增大。

3. 加入香菇碎拌匀即成馅料。

4. 提前烧一大锅水（泡香菇的水也加进去一起煮，等饺子包好的时候水应该煮开了）。

5. 取一张饺子皮，中间放入大约15克的馅料。

6. 饺子皮周边抹一点点清水帮助黏合（市售的机制饺子皮不容易黏牢，如果是自己擀的面皮就不需要这一步），对折后将中间捏合。

7. 如图示将其中一边往中间折。

8. 两边都折好即完成一个可以站住的大肚子饺子。这种包法对于机制面皮和手擀面皮都适用。

9. 饺子都包好以后下锅，煮至漂起后再煮3~5分钟即可捞出。

10. 一般一次煮8~10个就够了，多余的可以速冻保存。8~10个饺子加生抽、香醋和油泼辣子拌匀，撒上葱花和白芝麻即可。

冰花煎饺

材料

速冻饺子9只，面粉5克，清水120毫升

步骤

1. 平底锅（不粘锅）倒一点底油烧热，排入速冻饺子。

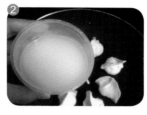

2. 面粉加清水搅匀，倒入锅中。

3. 大火将粉浆煮开后加盖。

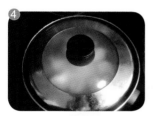

4. 转中火焖10~12分钟（如果使用新鲜的饺子可以缩短时间）。

5. 开盖后水分已经几乎蒸发。

6. 转中大火至底部微黄，边缘有些翘起后即可铲下。

烩面片

TIPS

如果有时间的话可以自己擀馄饨皮，做法参见鲜虾大馄饨的补充过程。

材料（1碗）

材料：市售馄饨皮85克，番茄2个，鸡蛋2个
调味：细盐适量，葱花一小把，番茄酱1汤匙，白砂糖1/2茶匙

步骤

1.方形馄饨皮如图所示一切为四，成三角形面片。

2.番茄洗净去蒂，切块备用。同时烧一锅热水准备煮面片，中途水开了可以先关小火保持微沸，等要煮之前再转大火。

3.鸡蛋打散，起油锅，倒入蛋液划散。

4.喜欢嫩一点的划散定型即可盛出，喜欢老一点的可以大火炒一下至表面微黄。盛出备用。

5.锅子不用清洗，直接放入番茄和小半碗水（水量以没过番茄大半为准），大火煮开。边煮边用锅铲辅助压一下把番茄碾碎，煮至糊状。这个时候如果不爱吃番茄皮的可以挑出不要，很轻松就能挑出来了。但是推荐保留番茄皮，因为比较有营养，而且也能节省一点时间。

6.番茄快煮好的时候就可以煮面片，滚水下锅2~3分钟就可以捞出。捞出的面片和之前炒好的鸡蛋跟番茄糊拌在一起，加番茄酱和细盐调味，加白砂糖提鲜，最后撒一把葱花即可出锅。

豆腐花

自己用内酯点豆腐更好，但是时间比较长。所以就想了一个特别简单的办法，只需要两三分钟就能吃上一口滚烫热乎的豆腐花了。

 材料（2碗）

材料：绢豆腐1盒（500克），榨菜丝、葱花各适量
调味（每碗）：生抽1汤匙，香油1茶匙

步骤

1.准备市售绢豆腐1盒（也叫内酯豆腐）。

2.用大锅勺将豆腐舀到碗中。

3.上面撒上榨菜丝和葱花，淋上生抽。

4.加入开水至没过大部分材料，送入微波炉加热1~2分钟后，取出淋上香油即可。根据个人口味还可以加入少许香醋，爱吃辣的话可以再加点油泼辣子。

飞饼版手抓饼

材料（2份）

材料：市售飞饼2张，鸡蛋2个，培根2片，生菜叶4片
调味：番茄酱适量

步骤

1. 生菜叶洗净备用。

2. 培根用平底锅煎至表面上色，煎培根的余油留在锅内。

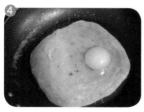

3. 市售飞饼很容易熟，所以不需要提前解冻，中大火煎至底面定型后翻面。

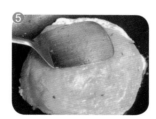

4. 在表面打上鸡蛋，用锅铲戳破蛋黄后将鸡蛋摊开。

5. 翻面，用锅铲压平面饼，中大火煎至鸡蛋熟透。

6. 铺上生菜叶和培根，加番茄酱调味。

7. 将面饼翻折起来包住馅料即可。

芝士夹心西多士

 材料（2份）

吐司4片，芝士2片，鸡蛋1个

🥄 步骤

1.吐司片切去边角料。

2.中间夹上芝士片。

3.将吐司边捏紧，芝士片本身有咸味所以不需要另外调味。

4.浸入打散的蛋液中裹匀。

5.放入油锅中炸至表面金黄即可。

鸡蛋三明治

《深夜食堂》里提及的一道小食，很多人试过觉得不错，做起来也简单，适合忙碌的早晨。

 材料（4块）

材料：鸡蛋（小）2个，吐司2片
调味：美乃滋2汤匙，细盐1/2茶匙，现磨黑胡椒1/4茶匙

步骤

1. 鸡蛋冷水下锅，大火将水烧开后煮10分钟，捞出冲凉水，剥壳。

2. 熟鸡蛋切成丁。

3. 加美乃滋、细盐和现磨黑胡椒拌匀。

4. 取1片吐司片，铺上拌好的鸡蛋。

5. 取另一片吐司盖在上面，轻轻压一下让面包与鸡蛋贴合。

6. 用刀修整去4条边。

7. 切分成4份即可。

烤蛋吐司

这是一款简单又能做得很好看的早餐。中间可以挖成任何你喜欢的形状,如果有饼干模之类的压花模具的话做起来会更方便。如果不用烤箱的话可以把面包中心挖空,直接放在平底锅里,中间打蛋,煎熟。有蛋白质,有淀粉主食,再配一些蔬果就是很营养的早餐了。

 材料（1片）

吐司1片，鸡蛋1个，盐1小撮

步骤

1. 预热烤箱200℃，等待的时候准备吐司片，用菜刀在吐司片周围切一圈，不切到底（如果用平底锅的话可以直接切到底，把中间的取出来另作它用）。

2. 用手把中间部分的面包压实。

3. 打入1个鸡蛋，表面均匀地撒上1小撮细盐调味。

4. 送入预热好的烤箱中上层烤10分钟（具体时间根据自家烤箱可以调整，只要鸡蛋凝固了就行）。

夏威夷烤吐司

夏威夷烤吐司是一款开放型三明治，是从德国开始流行起来的，也是现在热门的夏威夷比萨的前身。一般是由吐司片、火腿片、罐头菠萝片和罐头樱桃组成。

材料（2份）

吐司2片，火腿片2片，低熔点芝士2片，罐头菠萝2片，新鲜樱桃2颗

步骤

1. 预热烤箱200℃，吐司片放入多士炉中烤至表面微黄。

2. 吐司片上面摆上火腿片。

3. 再摆上罐头菠萝片（这种罐头菠萝一般是去心的，中间有个圆孔）。

4. 铺上低熔点的片状芝士。

5. 送入预热好的烤箱中上层，单上火烤2~3分钟至芝士片融化即可取出。

6. 中间的凹槽处正好摆放一颗樱桃，一般是用罐头樱桃，我用了新鲜的来代替。

 TIPS

　　这里选用了低熔点的芝士片，易烤化。如果不赶时间的话用普通芝士片也是没问题的，可以降低烤温到185℃并延长烘烤时间，烤完以后不仅芝士化开了，火腿片边缘也微微上色，更好吃。

吐司比萨

材料（2片）

吐司2片，萨拉米肠1根，豌豆1汤匙，玉米1汤匙，马苏里拉芝士碎30克，车达芝士碎10克，番茄酱、迷迭香、欧芹各适量

步骤

1. 烤箱提前预热200℃。用2片现成的吐司片来代替比萨饼底，方便快捷。

2. 萨拉米肠切片，没有的话用腊肠、火腿肠之类的代替都可以。

3. 在吐司片表面抹一层番茄酱，不用抹黄油，因为萨拉米肠油脂比较高。

4. 表面铺上萨拉米肠片、冻豌豆粒和冻玉米粒（用量少所以不需要提前解冻）。

5. 表面铺满芝士碎，车达芝士的奶香味比马苏里拉要浓，两者搭配使用更好吃。撒一点点迷迭香和欧芹。

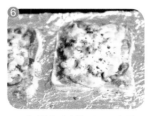

6. 将铺好料的吐司片送入预热好的烤箱中上层烤10分钟即可，趁热吃的拉丝效果很好。

TIPS

如果用火腿肠之类的烘烤时不会出油的材料代替的话，建议提前在面包片上刷一层油，这样烤出来更香酥。

黄油脆边

一整条吐司的首尾2片还有做三明治多余的面包边总是不太受待见。稍稍加工一下就能做成香脆可口的面包棒了，当早餐、当零食都很不错。

 材料（12根）

吐司面包2片，黄油20克，白砂糖

 步骤

1. 烤箱提前预热200℃。取吐司的首尾2片，当然用普通的吐司片也可以。

2. 将吐司片切成一指粗的条状。

3. 黄油用微波炉加热30秒融化。

4. 切好的面包条排入铺着锡纸的烤盘中。

5. 在吐司条的表面刷上融化的黄油。

6. 在表面撒上一些白砂糖，如果做咸味的就撒一点点盐，喜欢的话还可以加些干罗勒、干迷迭香之类的香草，口味很多变。

7. 送入预热好200℃烤箱的中上层，烤6~8分钟至表面金黄酥脆即可。

 TIPS

烤盘中的锡纸我习惯折成一个浅浅的纸盒状，这样不管里面有什么都不会流到外面，保持了烤盘的洁净，不需要每次都洗。

蒜香法棍

 材料（6片）

法棍半根，蒜2瓣，橄榄油1.5汤匙，细盐3/4茶匙，现磨粗粒黑胡椒1/8茶匙，干迷迭香1小撮

步骤

1. 烤箱预热200℃。法棍斜切成1指厚6片备用。

2. 蒜拍扁后剥去外皮，切碎。

3. 切碎的蒜加橄榄油、细盐、现磨粗粒黑胡椒和干迷迭香拌匀。

4. 将法棍片排入烤盘中（底部垫锡纸），表面均匀地淋上第3步混合好的调味料。

5. 送入预热好200℃的烤箱中上层烤8分钟，再转250℃烤3分钟上色即可（期间注意观察，不一定非要等到3分钟，上色明显即可取出）。

 TIPS

　　拍过的蒜香味更浓郁，从生物学的角度上来解释是因为拍蒜能让更多的细胞破裂，而刀切的话只能切到一小部分，尤其是越锋利的刀切得越少。

班尼迪克蛋

班尼迪克蛋是一款美式早餐。用英式 Muffin 打底，加上火腿或者培根，加水波蛋，浇荷兰汁。营养是很丰富的，不过有一个常见的问题就是缺点纤维素，搭配一些蔬菜汁或者水果，那就是再好不过的了。在班尼迪克蛋的基础上也衍生出了很多的变化，其中一种比较常见的就是佛罗伦汀蛋，用菠菜代替了火腿片，营养结构更合理了，有兴趣的也可以试试。

材料

主料：英式圆扁形白面包1个，火腿片或者培根2~4片，鸡蛋2个
酱料：白葡萄酒醋2汤匙，香叶半片，黑胡椒3~5颗，黄油60克，蛋黄1个，柠檬汁、盐、黑胡椒各适量

步骤

[制作酱料]
1. 准备白葡萄酒醋（一种从白葡萄酒发酵而来的醋），如果没有的话可以用白醋1汤匙加水1汤匙。
2. 醋中加入整颗的黑胡椒和香叶，小火熬煮让醋浓缩，因为量太少不太好煮，所以可以一次多做一些。
3. 煮浓缩醋的时候把蛋黄准备好放在一个容器中，煮至醋的体积只有原来的1/3时把香料挑出来不要，将煮好的浓缩醋跟蛋黄混合搅匀备用。
4. 将黄油加热融化，趁热倒入蛋黄液中，边倒边搅拌，搅拌至酱汁黏稠后加少许柠檬汁、盐和黑胡椒调味即可（这个速成不打发版本的荷兰汁容易凝结。如果太早准备好已经凝结了的话可以加热一下）。

[制作班尼迪克蛋]
A. 烧一锅水准备煮水波蛋（水波蛋的做法参见芦笋水波蛋），准备水波蛋的空当将英式白面包对半切开（如果没有的话用吐司之类的白面包代替也可以）。
B. 火腿片或者培根片煎一下放在半片白面包上。
C. 将煮好的水波蛋放在火腿片上，最后浇上酱料即可。

卡通全麦三明治

简单的装饰可以让早餐变得很有趣。选择多摩君和热带鱼这两个形象是因为它们的线条轮廓比较简单，做起来快，并且跟全麦吐司的颜色十分搭。也可以随意发挥，做出各式各样的造型。

材料

多摩君三明治材料：全麦吐司2片，车达芝士2片，火腿2片，巧克力豆2颗
热带鱼吐司材料：全麦吐司2片，车达芝士1片，葡萄干2颗

步骤

多摩君三明治

1.取2片全麦吐司片，中间夹上车达芝士和即食火腿各1片。

2.另取火腿片切出长方形，芝士片切出锯齿形。

3.切好的火腿和芝士组合成嘴巴，巧克力豆点缀成眼睛，即成。

热带鱼吐司

4.2片全麦吐司叠加，如图切出一大一小2个三角形。

5.拼成热带鱼的形状。分开就是2条小鱼。也可以在中间加些馅料，那就是一条鱼。

6.如图点缀上芝士片和葡萄干即可。

法棍三明治

三明治是国外很常见的一款，常被称为"BLT"，B代表bacon（培根），L代表lettuce（生菜），T代表tomato（番茄）。这次选用了外脆内软的法棍来做，越嚼越香。而且法棍几乎不含糖油，是比较健康的一款主食面包。如果吃不习惯法棍的口感，换成普通的软面包就可以了。

 材料（1份）

培根2片，番茄1个，生菜叶4片~5片，法棍1根（短）

步骤

1. 生培根片选用了肥瘦相间的。

2. 用平底锅煎一下把培根的油脂逼出来。

3. 煎培根的时候就可以准备配菜，番茄洗净、切片，生菜叶洗净、切成小片。

4. 短法棍去头尾，从中间横剖开来不切断。

5. 中间加入培根、番茄和生菜叶。培根比较咸，直接吃味道就足够了。如果喜欢的话也可以加番茄酱、美乃滋、BBQ烤肉酱、英式芥末酱等调味。

热狗

![材料图标] 材料（2个）

市售餐包2个，热狗肠2根，生菜叶、番茄酱各适量

![步骤图标] 步骤

1.平底锅刷一点底油烧热，放入热狗肠中火煎至表面上色。

2.在煎热狗肠的时候就处理面包坯（随时观察着锅里的上色情况，不要煎过头了），市售软式小餐包中间切一个口子，不切到底。

3.夹上洗净的生菜叶。

4.夹上煎好的热狗肠。

5.挤上番茄酱即可。

 TIPS

有时间的话可以再切一些洋葱，煎热狗肠的时候多加一点油然后放入洋葱碎翻炒一下，一起夹入面包中会更香。

墨西哥鸡肉卷

　　墨西哥卷饼经常用来做成一种叫做 fajita 的墨西哥卷，不是在 KFC 常吃到的那种口味哈。因为 fajita 的料很多且不太容易买到，做起来相对麻烦，所以这里还是做普通的鸡排版。鸡排做法很多：有反复蘸水打粉的；有先蘸粉，然后裹蛋液，最后裹面包屑的。以下给出一种我自己平时最常用的比较方便的做法，口感一样酥嫩。

材料（6个）

面饼：市售原味墨西哥卷饼3张（另外也有搭配玉米面的或者加了香料调味的，原味比较百搭）

鸡排：鸡胸肉1块（175克），蒜1瓣，海盐0.8克，现磨粗粒黑胡椒1/4茶匙，淀粉15克，清水20毫升，小苏打一小撮，面包屑50克（实用30克）

配料：生菜、番茄酱、美乃滋各适量

步骤

1. 鸡胸肉横着片成薄片（我切了6片）。

2. 加入切碎的蒜、海盐、现磨粗粒黑胡椒和一点点小苏打捏匀。

3. 加淀粉和清水拌匀，揉捏2分钟。这个时候可以去把油锅先烧热，我用的是平底锅半煎半炸的方式，油的用量只需要没过肉片一半就可以了。

4. 拌好的肉片两面蘸满面包屑。面包屑也叫面包糠，可以直接买市售的。自己提前准备的话也很方便，吐司面包片风干以后用搅拌机打碎即可。

5. 裹好面包屑的肉片放入锅中半煎半炸，每面90秒左右即可。

6. 大火煎炸至两面金黄。

7. 成品外酥里嫩。我片得比较薄，如图微微可透光。如果肉片略厚的话要适当延长时间，火力也要调小一点。

8. 生菜叶洗净铺在饼上面。

9. 摆上两片鸡排，挤上沙拉酱和番茄酱。

10. 卷起来以后修整掉两端，从中间斜切成两半即可。1张饼做2个卷。

牛肉满分堡

英式的 Muffin 是一种白面包，音译成"满分"，寓意挺不错的。下面介绍一款可以举一反三的牛肉饼做法，换成鸡肉馅、猪肉馅都可以。

材料（2个）

汉堡材料：英式白面包2个，低熔点芝士片2片，牛肉饼2个，芦笋尖8根，番茄酱1茶匙，美乃滋1茶匙

牛肉饼：肥瘦3:7的牛肉糜190克，蒜粉1茶匙，洋葱粉1/2茶匙，黑胡椒1/3茶匙，海盐1茶匙，红葡萄酒1.5汤匙，蚝油1/2汤匙，淀粉1.5汤匙，清水2汤匙

步骤

1. 准备市售牛肉糜，如果有时间也可以自己剁，或者用搅拌机绞碎。

2. 牛肉加蒜粉、洋葱粉、黑胡椒、海盐、红葡萄酒、蚝油、淀粉和清水搅匀。

3. 向同一个方向搅打至上劲。

4. 搅好的牛肉分成2份，压成比面包坯稍大一点的圆形（因为煎过以后会缩一点），排入平底锅中火煎制。

5. 煎肉饼期间准备配料：芦笋尖洗净、焯熟。

6. 面包坯从中间横剖成2片。

7. 牛肉饼大约两面各煎4分钟即可。

8. 1片面包上依次叠加上1个牛肉饼，1片低熔点芝士片和4根芦笋尖。

9. 挤上番茄酱和美乃滋。

10. 夹上另一片面包片就完成了。

BBQ甜辣鸡腿堡

材料（1个）

汉堡坯：圆形餐包1个
夹馅：鸡腿1个，甜辣酱1汤匙，BBQ烤肉酱1汤匙，蒜粉1/2茶匙，洋葱粉1/4茶匙，现
磨粗粒黑胡椒1/8茶匙，红葡萄酒1茶匙
配料：生菜叶1片，BBQ烤肉酱适量

步骤

1. 提前一夜将鸡腿洗净，
剔去骨头。

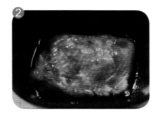

2. 加甜辣酱、BBQ酱、蒜粉、
洋葱粉、现磨粗粒黑胡椒
和红葡萄酒抓匀，用保鲜
膜包好放入冰箱中冷藏腌
制一夜。

3. 第二天起床后将腌制的鸡
腿取出。平底锅放1汤匙色
拉油烧热，放入鸡腿用中
火煎熟，大约正反两面各
煎5~6分钟即可（如果想要
熟得更快一点，可以借助
微波炉加热4~5分钟）。

4. 圆形餐包从中间剖开。

5. 依次摆上洗净的生菜叶、
煎好的鸡腿。表面抹一些
BBQ烤肉酱，夹起来即成。

牛油果泥夹心苏打饼

牛油果，也叫鳄梨，口感细滑，营养价值很高，因而常常碾成泥做成各种调味酱配食。作为早餐的话吃原味的就很不错了，做起来也方便，夹苏打饼是一种很经典的吃法。

材料

牛油果1个，细盐1/4茶匙，原味苏打饼8片~10片

步骤

1.牛油果要买捏起来微软的，捏不动的那种太脆硬，一压一个坑的那种就熟过头了。

2.用小刀在牛油果中间横着剖一圈，中间有个很大的硬核所以不能直接一切两半。沿着划一圈以后用手可以轻松拧开。

3.打开以后再把硬核挑出来，在果肉上划出如图的十字刀纹，然后用勺子沿着外皮刮一圈就可以把果肉都取出来了。

4.取出来的果肉放在小碗内用勺子压几下碾碎，加细盐拌匀。

5.苏打饼最好选择相对来说比较硬脆的，不要一碰就碎酥得掉渣的那种。

6.取一片苏打饼，铺一勺牛油果泥，再盖一片苏打饼，依次重复即可。

吞拿鱼沙拉

蛋白质和淀粉含量都很丰富的一份酱汁版沙拉，可以换自己喜欢的酱料。

 材料（1片）

吞拿鱼罐头100克，豆瓣菜1小撮，飞达奶酪40克，全麦吐司2片，黑橄榄4颗，千岛酱1汤匙

步骤

1. 提前一夜将全麦吐司切成丁，放在通风处风干。第二天就变得脆硬了。

2. 准备豆瓣菜、去核黑橄榄、吞拿鱼罐头、飞达奶酪。最左边的绿色植物英文名叫做 cress，有翻译成西洋菜、豆瓣菜、水芹、水田芥，但这些翻译又都不是很准确。如果买不到的话换成生菜一类可以生食的蔬菜即可。

3. 黑橄榄切片，飞达奶酪切丁。

4. 将吐司丁、奶酪、橄榄和吞拿鱼块拌匀，表面撒上一小把洗净的豆瓣菜，最后淋上千岛酱即可。

提前预约、准备篇

剪刀面

 材料（1碗）

面团：面粉100克，水55毫升
配菜：胡萝卜1根，辣白菜100克（固体80克+汤汁20克），蒜茸辣椒酱1汤匙
装饰：葱花、白芝麻各适量

步骤

1. 提前一夜将面粉和水揉匀，用保鲜袋包好放入冰箱中，不需要费力揉得很光滑，花2~3分钟揉匀就行。第二天早上起床后先烧一锅热水，烧水时将面团取出再揉搓几下就光滑了，然后如图示擀成宽3厘米~4厘米，厚5毫米左右的细长形面片。

2. 面片的宽度只要适合自家剪刀刀刃的长度就行。用剪刀剪下来就自然形成如图的柳叶形，因为剪起来很快，所以一边剪就边入锅煮了（水沸腾后入锅）。

3. 胡萝卜去皮后切片。

4. 锅内加一点底油烧热，将胡萝卜片翻炒一下后加入辣白菜翻炒（我买的辣白菜本身就是小片的，如果买到整棵的提前切成小片就行）。

5. 准备配菜的时候时刻关注着煮面锅，煮至没有白心后即可捞出沥水。

6. 煮好的面加入配菜中，加蒜茸辣椒酱炒匀即可离火（我用的辣白菜和蒜茸辣酱都比较咸，大家用的不同品牌辣酱味道可能不同，所以如果口味偏淡就另加一点盐调味）。起锅前加葱花和白芝麻装饰即可。

嘎嘣脆（烙饼）

这款烙饼刚出锅的时候是嘎嘣脆的，嚼起来有小麦的原味，越嚼越香。但是不宜久放，放久了就没有那么脆了。可以直接吃，也可以搭配自己喜欢的小菜或者炸酱。

材料（2张）

面粉70克，水30毫升，细盐1小撮，植物油2/3汤匙

🥄 步骤

1. 提前一夜准备：面粉加凉水和细盐揉成团（不需要揉光滑），用保鲜袋装好放入冰箱冷藏，第二天一早取出揉几下就光滑了。

2. 将面团分成2份，取其中一份擀开。

3. 在擀开的面片上抹少许干面粉，卷在擀面杖上。

4. 卷好后再擀，这样能比较快而轻松地得到薄面片。

5. 最后擀成薄可透光的面片。

6. 平底锅内倒入约2/3汤匙的植物油，中大火烧热，将面皮铺上去，十几秒钟之后就开始起泡，起泡后煎1~2分钟至底面金黄以后再翻面。

7. 翻面再煎1~2分钟至另一面也呈金黄色即可盛出。

椒盐盘丝饼

材料（1个）

面粉110克，水60毫升，花椒粉1/2茶匙，细盐1/2茶匙，植物油2汤匙

步骤

1. 提前一夜准备：面粉加凉水揉成团，不需要揉光滑，成团就行，用保鲜袋装好放入冰箱冷藏，第二天一早取出揉几下就光滑了。

2. 操作台上撒少许干粉防黏，将面团擀开，擀成长方形薄片。

3. 花椒粉、细盐和植物油混合，抹在擀好的面片上。

4. 平行切出一道道的刀痕，两端不切断。

5. 顺着刀痕的平行线卷起来。

6. 左右反向拧起来成螺旋状。

7. 盘起来，尾端收在底下。

8. 平底锅内放入植物油烧热，将盘好的面坯擀薄后放入锅中。

9. 经常翻动、转动以保证受热均匀，中小火共烙8分钟，两面金黄即可出锅。

10. 烙好后可以用筷子挑散，就得到如图的效果（图为用南瓜面团做的金黄色成品）。

鸡蛋灌饼

不同于常见的卷法，用这样的方法做饼坯很容易挑起面皮将蛋液灌进去，均匀好看。

材料（2个）

面坯：面粉100克，凉水55毫升
油酥（每个）：面粉1茶匙，植物油2茶匙
鸡蛋馅：鸡蛋2个，葱1根，细盐1小撮
配菜：生菜叶、甜面酱各适量

步骤

1. 提前一夜准备：面粉加凉水揉成团，不需要揉光滑，成团就行，用保鲜袋装好放入冰箱冷藏，第二天一早取出揉几下就光滑了。

2. 将面团分成2份，取其中一份擀成圆饼，中间加面粉和植物油混匀抹开（不要抹到面饼的边缘，否则难以捏合）。

3. 像包包子一样把面饼捏合。

4. 褶子不要多，否则这一边会太厚。

5. 捏口朝下，将面饼再次擀扁。

6. 平底锅加一点底油，烧热后放入面饼中大火煎制。

7. 鸡蛋加细盐打散后，加入半根葱的葱花搅匀（因为还要刷酱所以调味淡，不刷的话可以把盐加足），这个量是一个饼的量。

8. 饼在煎制过程中会鼓起一个大泡，用筷子从中间挑破。

9. 将蛋液倒入饼的夹层中。

10. 翻面，烙至两面金黄。中间抹上甜面酱、铺上生菜叶即可。

酱香饼

 材料（2张）

面粉100克，凉水60毫升，酵母0.5克，植物油10克
调味：面酱1汤匙，蜂蜜1汤匙

步骤

1. 提前一夜准备：面粉、水和酵母混合，用筷子搅匀后，再加植物油搅匀，用保鲜袋装好放入冰箱冷藏。

2. 第二天一早取出揉几下，分成2份。在面团上抹一点植物油，取一个面团用手压扁。

3. 平底锅多倒一点油烧热，放入面饼，用中大火半煎半炸至两面金黄。

4. 面酱和蜂蜜混合，取一半的混合酱抹在面饼上即可（根据自己的口味也可以用豆瓣酱，加辣椒油，或者换成市售的现成酱料）。

5分钟平板面包

材料

面团：高筋面粉150克，水100毫升，耐糖酵母1克，盐1克，糖10克，橄榄油（或黄油）10克

表面：高达奶酪10克，车达奶酪10克，番茄酱、干欧芹碎各适量

步骤

1. 提前一夜将所有材料混合，花几分钟搅匀。

2. 用保鲜袋装好以后压成扁平状，放入冰箱冷藏发酵一夜。

3. 第二天早上将面团取出，锡纸表面抹一点橄榄油（分量外），将面团转移到锡纸上。表面抹一层番茄酱后，撒上高达奶酪条、车达奶酪条和干欧芹碎（如果有时间的话，这一步之后最好室温静置回温10~15分钟，这时候可以去做其他的事情，如刷牙、洗脸。如果赶时间的话直接进行下一步操作）。

4. 送入预热好200℃的烤箱中上层烤10~12分钟即可。

酵母版蒸糕

用酵母做出来的蒸糕香味和口感都更好，为了节省时间所以才用了这种冷藏发酵的方法。如果有时间的话不需要送入冰箱冷藏，直接放在温暖处发酵至2倍大后蒸熟即可，成品会更加疏松多孔。

材料

面粉100克，酵母1/4茶匙，凉水85毫升，白砂糖20克

步骤

1. 容器内抹一层猪油或者黄油防粘。

2. 提前一夜将面粉、酵母、凉水、白砂糖搅匀后倒入容器中，封上保鲜膜送入冰箱中冷藏一夜。

3. 第二天洗漱前取出回温（回温的时间长一些比较好），表面撒上切碎的蔓越莓干。放入蒸锅中，冷水上锅水开后蒸10分钟即可。

 TIPS

容器要选择大一点的，这样面糊可以铺成薄薄一层，便于熟透。

糯米团

小时候很常见的早餐，便宜又顶饱。大多数都是做成这种油条和白糖的组合，后来衍生出很多搭配，夹馅也变得丰富起来，也可以加各种咸菜甚至炒面之类的咸味配料。

材料（2个）

糯米1杯，油条半根，白砂糖1汤匙

步骤

1. 糯米提前一夜洗净，加清水浸泡一夜。第二天将水倒掉一部分，留下刚好没过糯米表面的水，放入水已经煮沸的蒸锅中大火蒸13分钟（若使用深盘这类底面宽而平的容器，将糯米尽量铺开的话可以减少蒸制的时间）。

2. 油条切成小块，放入油锅中炸至金黄酥脆。

3. 糯米蒸熟以后取出，用筷子搅散。

4. 用一块干净的湿毛巾隔热防黏，在中间放上糯米饭和炸脆的油条。

5. 撒上白砂糖后，表面再盖上糯米饭。

6. 用毛巾捂着捏紧，捏成一个球形即可。

粢饭糕

 材料（4块）

糯米半杯，粳米半杯，细盐1/4茶匙，虾皮2汤匙

🥄 步骤

1. 提前一夜将粳米和糯米淘洗干净，加入正好没过米量的水，放入蒸锅中用旺火蒸30分钟。

2. 加入细盐和虾皮拌匀。

3. 压扁成长方形的米糕，用保鲜膜包好在阴凉处放一夜。

4. 平底锅多放一些油，将米糕切成4块，放入锅中半煎半炸（一般是用炸的，那样更快，但是比较油腻）。

5. 表面金黄即可捞出沥油。

鱼子饭团

材料（3个）

米饭1碗，寿司醋2汤匙，鱼子酱1汤匙，蟹肉棒1根，寿司紫菜1片

步骤

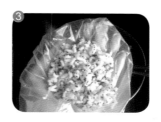

1.米饭提前一夜淘洗干净，可以提前煮熟，也可以利用电饭煲或者电高压锅的预约功能定时到第二天起床前煮熟。煮熟以后搅散，加寿司醋拌匀（没有寿司醋的话可以按盐、糖、醋1：5：10的比例调制）。

2.加鱼子酱拌匀，我用的是黑色鱼子酱，实际上呈藏青色。常见的是黄色、橙色的鱼子酱，另外也有绿色、红色的，这些都可以按自己喜好来。

3.手上套个小保鲜袋，把米饭放在手心。如果有塑料手套更好，干净又方便。如果手套或保鲜袋都没有的话就在手上稍稍抹一些凉开水，防粘。

4.蟹肉棒一切为三，取其中一小段放在米饭中央（馅料可以选择任何自己喜欢的材料，如肉松、火腿肠、梅子等。另外我用的蟹肉棒是即食的，有些蟹肉棒需要提前煮熟，请大家注意一下自己的产品说明）。

5.表面再加一些米饭把馅料包紧。在保鲜袋中捏成三角形饭团状。

6.寿司紫菜剪成小片，在饭团底部表面稍微抹一点点凉开水，贴上紫菜片即可（抹凉开水是为了黏合紫菜片。另外如果没有寿司紫菜片的话我觉得用即食的那种零食海苔片也行，用那种连修剪大小这一步都省了，更方便）。

鲜虾手卷寿司

手卷是一种造型简单但是馅料丰富多样的寿司，非常适合在赶时间的时候制作。

 材料（2个）

材料：海虾4只，芦笋尖4根，日本芜菁（水菜）、野生芝麻菜、紫叶生菜各适量，寿司紫菜1片，米饭半碗

调味：寿司醋1~2汤匙，美乃滋1茶匙

步骤

1. 提前一夜将生米淘洗干净，加好水，放入电饭煲中预约在第二天起床前煮好。第二天将米饭取出，加寿司醋拌匀。

2. 芦笋尖4根焯熟，水菜、芝麻菜和紫叶生菜洗净备用。

3. 海虾中间穿一根竹签（如图），穿竹签是为了煮熟之后是直的，如果对形状无所谓的话没有这个必要，竹签要选择长一点的，否则会比较难抽出来。

4. 煮熟的虾，将竹签抽出来以后剥去外壳（可以留一点尾巴作装饰）。

5. 寿司紫菜剪成两半，取其中一半，在一端铺上米饭，压平。

6. 上面摆上所有配菜，挤上美乃滋。

7. 卷成锥形筒状，收尾处抹一点点清水黏合即可。

黑米紫菜包饭

材料（1卷（可切8~9个））

黑米饭：黑米1/6杯，粳米1/3杯，寿司醋2汤匙
配料：寿司紫菜1张，玉米笋2根，长杆西蓝花2根，胡萝卜半根

步骤

1. 提前一夜将黑米和粳米淘洗干净，电饭锅预约在第二天起床前煮好。

2. 第二天将煮好的黑米饭取出，加寿司醋拌匀，盖上温热的湿布保温备用。

3. 玉米笋和长杆西蓝花洗净、焯熟，胡萝卜去皮，切成条状备用。

4. 在寿司帘上铺一张寿司紫菜，再铺上第二步拌好的黑米饭，压平、压实。

5. 中间摆上胡萝卜、玉米笋和西蓝花。

6. 卷起来，卷得紧实一点。

7. 切件即可。

花生红豆粥

煮粥的时候可以搭配很多种杂粮，这只是一种。

材料

红豆半杯，粳米半杯，红衣花生1/4杯，水5杯半

步骤

1. 所有材料淘洗干净后沥水。

2. 放入高压锅中，加入清水。

3. 高压锅预约起床前1个半小时开始工作，粥挡（上汽后大约20分钟），起床后已经自然放汽，开盖搅匀，可根据喜好加入少许糖调味。

皮蛋瘦肉粥

材料

主料：皮蛋1个，猪腿肉40克，盐1/4茶匙，米半杯，水4杯
配料：葱花、白芝麻、盐各适量

步骤

1. 提前一天将猪腿肉切成条状，加盐抓匀。盖上保鲜膜，放入冰箱冷藏腌制一夜。

2. 提前一夜将米淘洗干净，皮蛋剥壳，切成小丁后放入。

3. 加入水，高压锅预约在起床前2个小时开始工作，上汽后压20分钟，起床后已经自然放气。

4. 再次将粥煮开后，加入腌好的肉搅散，煮熟后关火，加盐调味，撒一把葱花和白芝麻即可。

花生豆浆

　　打豆浆的时候加一些杂粮会变得很香，除了花生以外还有核桃、杏仁、黑芝麻等坚果都是很好的选择。没有豆浆机的话可以自己煮豆浆，如果先磨好豆浆再煮熟的方法比较难掌控，因为很容易噗锅。而先煮熟豆子再磨浆就相对容易得多，也适合提前准备好，方便第二天一早操作。

材料

黄豆3/4杯，去皮花生1/4杯，清水750毫升

步骤

1. 提前一夜将黄豆和花生洗净，加清水浸泡（这样泡到第二天高压锅工作的时候就已经涨发了）。预约高压锅粥挡（以我的锅子为准是上汽后约20分钟），在起床前1~2小时完成，这样起床后已经自然放气。

2. 将煮好的豆子和水一起倒出来。

3. 用搅拌机磨碎后过滤即可（滤出的豆渣可以留着做其他的东西）。

咸豆浆

材料

虾皮1茶匙，紫菜3小片，葱半根，榨菜1汤匙，油条1/4根，生抽1汤匙，老抽2滴，淡豆浆250毫升

步骤

1.提前一夜准备煮豆浆，豆浆做法参见花生豆浆（全都用黄豆来做就是普通的淡豆浆），如果有豆浆机可以直接用豆浆机预约。

2.将虾皮、紫菜碎、榨菜碎和葱花放入碗中。

3.加生抽、老抽（老抽是上色用的）和切成小块的油条。

4.冲入热的淡豆浆，搅匀即可（会出现絮状沉淀）。

银耳花生牛奶

材料（2杯）

干银耳1朵，去皮花生1/2杯，全脂牛奶2杯，炼乳1汤匙

🥄 步骤

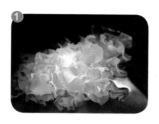

1. 将银耳提前一天用清水浸泡一下午。

2. 泡发后的银耳择去根部，撕成比较碎的片。

3. 加入去皮花生。

4. 加入全脂牛奶，高压锅预约"粥、羹"挡。

5. 第二天起床后将已经熬好的花生牛奶放入搅拌机中打碎，加入炼乳搅匀即可。

玫瑰红枣银耳汤

材料（2~3碗）

银耳（巴掌大一块），玫瑰糖浆2汤匙，冰糖4~5块，红枣5颗

步骤

1. 巴掌大的一块干银耳提前一天用清水浸泡一下午。

2. 泡发后的银耳择去根部，撕成小朵。

3. 放入洗净的红枣。

4. 放入冰糖和玫瑰糖浆，再加清水至没过所有材料。预约高压锅在第二天起床前2小时开始工作，上汽后40~60分钟，起床后即可食用。

薏米莲子绿豆汤

绿豆清热，薏米祛湿，夏天的时候喝这个特别舒服。

材料

绿豆1杯，薏米1/3杯，莲子1/2杯，水5杯，冰糖1~2汤匙

步骤

1. 提前一晚准备，绿豆、薏米、莲子，淘洗干净。

2. 放入高压锅中，加水和冰糖。5杯的水量煮出来比较浓稠，喜欢汤多一点的可以放6杯。

3. 高压锅预约在第二天起床前1个半小时开始工作，粥挡（上汽后大约20分钟），起床后即可食用。

味噌汤

材料

汤底：香菇3朵，柴鱼片10克，清水1000毫升
配菜：豆腐1块（100克），海带40克（泡软后），赤味噌2/3汤匙
调味：细盐适量，白砂糖1小撮

步骤

1.豆腐提前一夜冷冻，如果有时间的话可以多冻几天，冻硬了的就是冻豆腐了，解冻以后会变得疏松多孔。豆腐选用嫩豆腐或者北豆腐都可以。

2.香菇提前一夜泡发，加柴鱼片和清水用慢炖锅小火炖一夜成汤底，第二天使用之前将柴鱼片滤出不要。

3.第二天一早将干海带用清水泡软（几分钟就够了，泡软后重约40克），切片。

4.冻豆腐泡热水解冻后，切成小块状。

5.将所有配菜放入汤底中滚煮（如果炖煮一夜浓缩后的高汤不足以没过所有材料的话，可以适量加些清水）。

6.加入2/3汤匙市售赤味噌搅匀。

7.总共滚煮3~5分钟即可。味噌本身就有咸味，不同品牌的味道不一样，根据自己所用味噌的咸淡程度适当补一点细盐调味。加一小撮白砂糖提鲜。

TIPS

如果很喜欢白萝卜的话也可以在炖汤的时候加进去，这样就不怕时间短煮不透了，但是炖一夜会导致有点过软。